FORSCHUNGSBERICHTE DES LANDES NORDRHEIN-WESTFALEN

Nr. 2275

Herausgegeben im Auftrage des Ministerpräsidenten Heinz Kühn
vom Minister für Wissenschaft und Forschung Johannes Rau

Dr. rer. nat. Ingeborg Patzak
Prof. Dr.-Ing. Kamillo Konopicky

Forschungsinstitut der Feuerfest-Industrie, Bonn

Untersuchungen über den Aufbau, das Umwandlungs- und Ausdehnungsverhalten von Tridymit
- Die Erfassung der Fehlordnung -

Westdeutscher Verlag Opladen 1972

ISBN-13: 978-3-531-02275-8   e-ISBN-13: 978-3-322-88095-6
DOI: 10.1007/978-3-322-88095-6

Gesamtherstellung: Westdeutscher Verlag

Inhalt

1. Einleitung 5

2. Problemstellung 5

3. SiO_2-Modifikationen 6

4. Untersuchungsmaterial 6

5. Untersuchung des Ordnungszustandes von Tridymit 8
   5.1 Geordneter Tridymit (Tridymit S) 8
   5.2 Fehlgeordneter Tridymit (Tridymit M) 9
   5.3 Tridymite mit unterschiedlicher Fehlordnung (Tridy-
      mit SM) 9

6. Die Erfassung der Fehlordnung bei Tridymit 9
   6.1 Röntgenographische Kennzeichnung des Fehlordnungsgrades . 9
   6.2 Quantitative, röntgenographische Phasenanalyse von
      Tridymit 10

7. Das Umwandlungsverhalten von Tridymiten verschiede.er
   Fehlordnung 10
   7.1 Versuchsdurchführung 10
   7.2 Die Umwandlung von geordnetem Tridymit (Tridymit S) . . . 11
   7.3 Die Umwandlung von fehlgeordnetem Tridymit
      (Tridymit M) 15
   7.4 Die Umwandlung von Tridymiten mit unterschied-
      licher Ordnung 16

8. Die negative Ausdehnung bei Silikasteinen 17
   8.1 Einführung 17
   8.1.1 Thermische Ausdehnung von Tridymiten unter-
      schiedlicher Fehlordnung bei wiederholtem Erhitzen
      und Abkühlen 18

9. Zusammenfassung 19

Literaturverzeichnis 22

Abbildungen 24

1. Einleitung

Jahrzehntelange Studien an Tridymit ließen bis heute noch viele Fragen un-
beantwortet, die zum Verständnis und zur Steuerung technologischer Vor-
gänge notwendig sind. Bereits der Versuch, die nach Entstehungsgeschich-
te unterschiedlichen Röntgenbeugungsaufnahmen von Tridymiten in ein Ord-
nungsschema einzufügen, wirft Fragen über Aufbau, Umwandlungsmechanismus, Ausdehnungsverhalten sowie die strukturellen Beziehungen der
einzelnen Tridymite zueinander auf. Weiter erschweren Fehlordnungserscheinungen bei Tridymit die quantitative röntgenographische Phasenanalyse von feuerfesten Erzeugnissen und Massen.

Im Koksofenbetrieb wird häufig ein langsames Nachgeben der Anker im
Temperaturbereich um 1300°C - insbesondere beim Einbau gut umgewan-
delter Silikasteine - beobachtet, welches auf eine negative Ausdehnung der
Steine zurückzuführen ist. Temperaturwechselversuche an Silikasteinen
im Temperaturbereich zwischen 700 und 1500°C zeigen bei höheren Temperaturen ein deutliches Nachschwinden das nach mehrmaligem Temperaturwechsel geringer wird. Diese Beispiele, aus vielen ähnlichen Beobachtungen herausgegriffen, machten erneute Untersuchungen der im kritischen
Temperaturbereich auftretenden Komponenten von Silikasteinen wünschens-
wert. Um weitere Abklärung zu erreichen, wurde das Umwandlungsverhalten von Tridymiten unterschiedlichen Ordnungsgrades mit einer Hochtemperatur-Röntgenkammer aufgenommen, das Ausdehnungsverhalten sowohl
mit betrieblichen als auch verfeinerten Meßmethoden im Labor untersucht.

2. Problemstellung

Die routinemäßige Bestimmung von Cristobalit mit den mannigfachen Pro-
blemen der Fehlordnung wurde in einer früheren Gemeinschaftsarbeit zahlreicher Industrie-Laboratorien (1, 2) behandelt. Die zeitraubende Bestimmung der Umwandlungstemperaturen kann dadurch umgangen werden, daß
die Ordnungsgrade durch Fehlordnungszahlen charakterisiert werden. In
Analogie zu dieser Arbeit und zur Vervollständigung der quantitativen Röntgenanalyse der Kieselsäuremodifikationen Cristobalit, Tridymit und Quarz
war es naheliegend, den Versuch zu übernehmen, eine ähnliche Fehlord-
nungszahl auch für Tridymit zu ermitteln. Zur Erweiterung und Vertiefung
der Erkenntnisse über das Umwandlungs- und Ausdehnungsverhalten von
Tridymiten unterschiedlichen Ordnungsgrades sollten sowohl chemische
Analysen, Untersuchungen mit einer Hochtemperatur-Röntgenkammer und
Dilatometermessungen mit Derivation, wobei gleichzeitig die differenzier-
te Ausdehnung mit der Ausdehnungsgeschwindigkeit zusammen registriert
wird, als auch betrieblich verwendete Meßmethoden herangezogen werden.

Die Untersuchungen ließen neue Erkenntnisse zum Aufbau, zur Umwandlung und Ausdehnung von Tridymiten mit Fehlordnung, die sich röntgenographisch in mannigfacher Weise auswirkt, erhoffen. Darüber hinaus wurden Hinweise zur negativen Ausdehnung und die Klärung vieler betrieblicher Beobachtungen bei der Verwendung von Silikasteinen erwartet.

3. SiO2-Modifikationen

Die chemisch einfache Substanz SiO_2, die kristallographisch recht kompliziert ist, existiert in einer großen Zahl von Modifikationen, die auf unterschiedliche Verknüpfung von $SiO_{4/2}$-Tetraedern zu offenen Gerüststrukturen zurückgehen. In die offenen Strukturen können die SiO_2-Modifikationen Fremdstoffe einbauen (3). Die drei Hauptmodifikationen Cristobalit, Tridymit und Quarz durchlaufen noch displazive Umwandlungen, wodurch eine Unterscheidung zwischen Tief- und Hoch-Modifikationen erforderlich wird. Bei Tridymit und Cristobalit werden die Verhältnisse durch eindimensionale Fehlordnung und Polytropie zusätzlich kompliziert (4, 5).

Hill und Roy (6) unterscheiden bei Tridymit 3 verschiedene Typen, die sie S-, M- und U-Tridymit nennen (stabil, metastabil und instabil). Diese Typisierung berücksichtigt nicht das Phänomen der eindimensionalen Stapelfehlordnung. Flörke (7) stellte fest, daß die Reflexe der Überperioden während der Tief-Hoch-Umwandlung verschwinden. In der Hochform waren nur noch die Reflexe der 2- und 3-Schichtstruktur sowie die durch eindimensionale Fehlordnung verursachte diffuse Intensität vorhanden. Hoffmann und Laves (4) zogen daraus den Schluß, daß die Überperioden nicht auf (rekonstruktive) Änderung der Stapelfolgen zurückgehen können, sondern auf periodisch displazive Verzerrungsfehler zurückzuführen sind. In Analogie zur Polytypie bezeichneten sie diese Erscheinung als Polytropie. Sato (8) folgerte aufgrund von Röntgenuntersuchungen an Einkristallen und Pulvern, daß die Überperioden auf geringe displazive Verschiebungen der Sauerstofflagen zurückgehen. Über die speziellen Fehlordnungserscheinungen bei den SiO_2-Modifikationen haben u. a. Flörke (9, 10) und auch Hill und Roy (6), sowie in neueren Arbeiten Hoffmann und Laves (4) eingehend berichtet, so daß hierauf im einzelnen nicht weiter eingegangen wird.

4. Untersuchungsmaterial

Zur Untersuchung kamen Tridymitproben, die einmal aus den verschiedenen Zonen von gebrauchten Silikaglaswannen- und Koksofensteinen stammten. Um den Einfluß der Fremdbeimengungen kennenzulernen, wurden diese durch Behandeln mit konz. Phosphorsäure bei $200^{o}C$ entfernt. Viele Silikasteine waren jahrzehntelang in den Koksofenbatterien eingebaut gewesen.

In Tab. 1 werden die chemischen Analysen der untersuchten Tridymite vor und nach der Behandlung mit konz. Phosphorsäure mitgeteilt. Einige Daten über die keramisch-technologischen Eigenschaften und die Umwandlungstemperaturen - mittels DTA erhalten - wurden einer früheren Arbeit (3) entnommen.

6

Tab. 1: Chemische Zusammensetzung und Dichte von Silikasteinen vor und nach der Behandlung mit H_3PO_4.

Proben	SiO_2	Al_2O_3	TiO_2	Fe_2O_3	CaO	MgO	Na_2O	K_2O	Σ der Fremd-ionen	Dichte (g/cm^3)
Koksofenstein 2/3	96,0	0,49	0,84	0,79	1,72	-	0,06	0,10	4,00	2,29
nach H_3PO_4	99,20	0,14	0,4	-	0,01	n.b.	n.b.	n.b.	0,55	2,27
Koksofenstein 7411	96,0	0,91	1,05	0,40	1,5	0,10	0,03	0,06	4,05	2,299
nach H_3PO_4	98,0	0,44	0,60	-	0,16	n.b.	n.b.	n.b.	1,20	-
Koksofenstein 84/1	96,80	1,3	0,65	0,3	0,3	0,09	0,06	0,5	3,20	
9 Std. mit H_3PO_4 behandelt	98,80	-	0,30	0,2	0,15	0,09	0,06	0,4	1,20	
20jähriger Koksofenstein	95,43	1,00	0,57	0,62	2,21	0,03	0,06	0,08	4,57	2,319
9 Std. mit H_3PO_4 behandelt	99,52	0,25	0,10	0,05	0,03	0,001	0,03	0,02	0,48	2,315
Koksofenstein 2/6	93,62	1,19	1,05	1,52	2,42	-	0,10	0,10	6,38	2,35
9 Std. mit H_3PO_4 behandelt	99,58	0,18	0,10	0,03	0,04	0,005	0,04	0,03	0,42	2,28
Glaswannenstein I/6	91,57	1,2	0,8	0,44	4,8	0,07	0,82	0,30	8,43	2,37
9 Std. mit H_3PO_4 behandelt	99,05	0,6	0,10	0,016	0,07	0,007	0,14	0,02	0,95	2,28
Glaswannenstein I/4	91,26	1,4	0,40	0,13	4,5	0,04	1,92	0,35	8,74	2,37
9 Std. mit H_3PO_4 behandelt	99,32	0,4	0,12	0,023	0,06	0,007	0,04	0,03	0,68	2,28
Glaswannenstein D	97,3	0,52	0,70	0,20	1,42	n.b.	n.b.	n.b.	2,84	2,310
nach H_3PO_4	99,0	0,13	0,30	0,1	0,01	n.b.	n.b.	n.b.	0,49	-
Glaswannenstein R2	97,90	0,13	0,55	0,20	0,82	n.b.	0,36	0,04	2,10	
nach H_3PO_4	98,70	0,15	0,35	0,1	0,1	n.b.	n.b.	n.b.	0,70	
Glaswannenstein A2	95,39	0,25	0,92	0,32	2,34	n.b.	0,7	0,08	4,61	
nach H_3PO_4	98,80	0,12	0,30	0,10	0,11	n.b.	n.b.	n.b.	0,63	

Beim Vergleich von Röntgenbeugungsaufnahmen von Tridymiten aus Silika-
koksofen- und Glaswannensteinen miteinander beobachtet man stets eine unterschiedliche Linienabfolge, wodurch bereits eine Unterscheidung in ein-
zelne Typen getroffen werden kann (Abb. 1). Im übrigen gleicht kaum ein
Tridymit dem anderen. Kleine Unterschiede sind stets vorhanden und machen den ganzen Fragenkomplex unübersichtlich.

5. Untersuchung des Ordnungszustandes von Tridymit

5.1 Geordneter Tridymit (Tridymit S)

Die von Flörke vorgenommene Einteilung von Tridymiten nach geordneten
und ungeordneten Typen wird in dieser Arbeit beibehalten, da sie auch das
Phänomen der eindimensionalen Fehlordnung mit berücksichtigt. Im übrigen entspricht ein "geordneter" Tridymit nach der Nomenklatur von Hill
und Roy einem Tridymit S und ein "fehlgeordneter" einem Tridymit M. Die
dazwischen liegenden Typen sind mehr oder weniger stark fehlgeordnet. Im
gleichen Kristall können z.B. Bereiche verschiedenster Ordnung vorliegen.
Um den Grad der Fehlordnung durch eine Zahl zu kennzeichnen, haben wir
versucht, bestimmte charakteristische Merkmale in den Röntgenbeugungs-
diagrammen zur Auswertung heranzuziehen. Die zur Untersuchung verwen-
deten Tridymite konnten aufgrund ihrer unterschiedlichen Linienabfolge in
die von Sato angegebenen Gruppen zwanglos eingeordnet werden. So erwies
sich ein Tridymit aus einem Silikakoksofenstein mit einer Dichte von 2,29
g/cm^3 als der von allen am besten geordnete Tridymit (Tridymit S). Das
bei Raumtemperatur aufgenommene Diagramm zeigt neben der Aufspaltung
der einzelnen Interferenzen in Dubletten bei d = 3,84 und 3,79 eine Vierergruppe bei d = 3,04, 3,02, 2,97 und 2,95 und Dubletten bei 2,49 und 2,48
$\overset{0}{A}$ u.a. noch einen geringen Anteil einer k-Packungsfolge (Cristobalit), die
beim Erhitzen auf ca. 150°C verschwindet und beim Abkühlen wieder er-
scheint (Abb. 1a). Nach der Behandlung mit H_3PO_4, wodurch ein evtl. vor-
handener Glas- bzw. Schmelzanteil sowie Pseudowollastonit weggelöst werden, konnten an Fremdkomponenten in diesem Tridymit noch 0,14 % Al_2O_3,
0,4 % TiO_2 und weniger als 0,01 % CaO bestimmt werden. Na_2O und K_2O
waren nur noch in Spuren vorhanden.

Neueste Untersuchungen von Heimann (11) bestätigen unsere früheren Angaben (3), daß die beiden Säuren H_3PO_4 und HBF_4 Fremdkomponenten aus
dem Gitter des Tridymit, nicht jedoch aus dem von Cristobalit herauslösen. Umgekehrt beobachtet Heimann einen temperaturbeständigen Einbau
von P_2O_5 nur in Cristobalit und nicht in das Gitter des Tridymits. Somit
kann die von uns gemachte Beobachtung der Aufweitung des Tridymitgitters
nach Behandlung mit konz. H_3PO_4 bei 200°C und Änderung der Intensitäts-
abfolge bestimmter Linien des Röntgenbeugungsdiagramms nicht auf einen
Einbau von P_2O_5 in das Gitter zurückgeführt werden (3).

5.2 Fehlgeordneter Tridymit (Tridymit M)

Aus einer Reihe von gebrauchten Silikaglaswannensteinen konnte ein stark
fehlgeordneter Tridymit mit einer überhöhten Dichte von 2,37 g/cm^3 (3)
isoliert werden. Nach der Behandlung mit konzentrierter Phosphorsäure
sind die Fremdkomponenten im Tridymit: 0,6 % Al_2O_3, 0,10 % TiO_2, 0,07
% CaO und 0,14 % Na_2O (Tab. 1). Das Röntgenbeugungsdiagramm zeigt neben einem k-Packungsanteil (Cristobalit) keine Aufspaltung der einzelnen
Linien in Doubletten; dafür ist die Interferenz d = 3,25 Å im Unterschied
zum geordneten Tridymit intensitätsstark, was für einen fehlgeordneten Tridymit (Tridymit M) charakteristisch ist (Abb. 1b).

5.3 Tridymite mit unterschiedlicher Fehlordnung (Tridymit SM)

Alle übrigen aus Koksöfen- und Glaswannensteinzonen untersuchten Tridymite waren mehr oder weniger stark fehlgeordnet, d.h. in den Röntgenbeu-
gungsdiagrammen sind die Doubletten des geordneten (Tridymit S) mit den
Reflexen des fehlgeordneten Tridymits (Tridymit M) vergesellschaftet.

Es sei hier nochmals ausdrücklich darauf hingewiesen, daß die Anteile von
geordnetem Tridymit bzw. fehlgeordnetem Tridymit auch noch mit einem
Cristobalit-Packungsanteil innerhalb eines einzelnen Kristalles verwachsen
sein können und kein mechanisches Gemenge darstellen (Abb. 1c). Die chemische Zusammensetzung einiger mehr oder weniger fehlgeordneter Tridymite wird in Tab. 1 gegeben.

6. Die Erfassung der Fehlordnung bei Tridymit

6.1 Röntgenographische Kennzeichnung des Fehlordnungsgrades

Da es unbefriedigend ist, einen Tridymit als gut oder weniger gut geordnet
zu charakterisieren, wurde der Versuch unternommen, den Grad der Fehlordnung zahlenmäßig zu erfassen. Die in den Silikasteinen vorliegenden Tridymite sind strukturelle Gemenge von regellosen Wechsellagerungen der h-
und k-Pakete des SiO_2 unterschiedlicher Dicke, d.h.. es liegt eindimensionale Fehlordnung, aber keine Polytypie vor, da sich die Packungsfolgen
hier nicht regelmäßig wiederholen. Unter bestimmten Bedingungen (Fremdioneneinbau, Zeit und Temperatur) treten auch die fast reinen Endglieder
dieser Fehlordnungsreihe auf. Für die Wahl eines geeigneten Standards zur
quantitativen röntgenographischen Phasenanalyse ist daher eine genaue
Kenntnis der Fehlordnung unerläßlich.

Bei Durchmusterung der zahlreichen Röntgenbeugungsdiagramme zeigte
ein Tridymit aus einem Silikakoksofenstein mit einer Dichte von 2,29 g/cm^3
praktisch keine Fehlordnung (Abb. 1a). Die Interferenzen mit den Netzebe-
nenabständen d = 3,25 und 2,97 Å sind zur Bestimmung eines Fehlordnungsanteils am geeignetsten. Sie koinzidieren weder mit Cristobalit, Quarz noch
Pseudowollastonit und sind so intensitätsstark, daß auch geringe Anteile von

fehlgeordnetem Tridymit noch erfaßt werden. Obwohl die Bezugslinie d =
2, 97 Å bei den geordneten und fehlgeordneten Tridymiten geringfügige Unterschiede in der Intensität aufweist, ist dies für die Auswertung ohne Be-
deutung. Das Intensitätsverhältnis der Interferenzen d = 3, 25 zu 2, 97 Å wird
als Maß für das Vorhandensein eines fehlgeordneten Tridymit M vorgeschla-
gen (Abb. 2). Die Interferenz d = 2, 97 Å dient dabei als innerer Standard.
Mit abnehmender Fehlordnung verschwindet die Linie bei d = 3, 25 Å; der
Tridymit stellt dann einen praktisch 100 %-ig geordneten Tridymit S dar.
Umgekehrt ist bei einem stark fehlgeordneten Tridymit M die Linie bei
d = 3, 25 Å sehr intensitätsstark und wird einem Fehlordnungsanteil von
100 % gleichgesetzt. Der am besten geordnete Tridymit S wurde dagegen
mit einem Fehlordnungsanteil Null = 100 % S in das Diagramm eingezeich-
net. Die Fehlordnungsanteile wurden durch Ausmessen der Peaks nach Höhe und Halbwertsbreite ermittelt, da für Serienuntersuchungen die Bestimmung der integralen Intensitäten z. B. durch Planimetrieren zu zeitaufwen-
dig ist. In Abb. 3 können die Anteile von schlecht geordnetem Tridymit in
einem gut geordneten abgelesen werden.

6. 2 Quantitative, röntgenographische Phasenanalyse von Tridymit

Absorptionsmessungen an geordnetem und fehlgeordnetem Tridymit haben
gezeigt, daß die zur quantitativen röntgenographischen Bestimmung verwendete Interferenz bei d = 3, 84 Å je nach Fehlordnung unterschiedliche Inte-
gralintensität aufweist. Daher wird empfohlen, 2 verschiedene Tridymite
als Standards zu verwenden. Bei Vorliegen eines Anteils von 0 - 50 % fehlgeordnetem Tridymit (Tridymit M) im zu bestimmenden Tridymit, den man
aus dem Diagramm (Abb. 3) ermittelt hat, eicht man mit einem Tridymit
S und bei Vorliegen von 50 - 100 % Tridymit M mit einem Tridymit M. Flörke (7) bezieht sich bei der quantitativen Röntgenanalyse fehlgeordneter Cristobalite und Tridymite auf verschiedene Meßkurven, die mit Testsubstan-
zen entsprechenden Ordnungsgrades erhalten wurden. Statt einer Kurve er-
hält man so eine Meßkurvenschar. Dieses langwierige Vorgehen wird für
Routineuntersuchungen durch Anwendung der beiden Eichstandards für Tridymit vereinfacht.

Die Reproduzierbarkeit der Bestimmung des Gehaltes an Tridymit in Silikasteinen ist bei einwandfreier Probenvorbereitung und Präparation genau
so gut, wie bei Cristobalit und Quarz. Sind die Probenvorbereitung und Präparation jedoch ungenügend und tritt in der Probe eine Textur auf, dann
wird die Reproduzierbarkeit erheblich schlechter. Die Genauigkeit der Tri-
dymitbestimmung kann mit 10 % (relativ) angesetzt werden.

7. Das Umwandlungsverhalten von Tridymiten verschiedener Fehlordnung

7. 1 Versuchsdurchführung

Der Hochtemperaturzusatz Modell HTK P 10 der Firma Paar* wurde anstel-
le des normalen Probenträgers in das Philips-Großwinkelgoniometer eingesetzt. Diese Normalausführung gestattet Röntgen-Hochtemperaturunter-

10

suchungen bis zu 1400°C (bei Verwendung eines Pt-Probenträgers).

Als Heizelement findet ein Tantalblech Verwendung, das in der Mitte eine 0,8 mm Bohrung zur Durchführung der Thermoelementdrähte zum Probenträger besitzt. Der Probenträger selbst ist ein Platinblech mit den Abmessungen 15 x 15 x 0,3 mm, in dessen Mitte das Thermopaar angeschweißt ist. Die bei der Aufheizung des Heizelementes auftretende Längenänderung läßt sich mit hinreichender Genauigkeit berechnen und kann durch Einstellen eines entsprechenden Vorspannweges kompensiert werden, so daß das Heizelement ohne wesentliche Zugkräfte in den Klemmbacken gehalten wird.

Die zu untersuchende Probe wird als feinkörniges Pulver (max. Korngröße 10 /um) mit Azeton verdünntem Zaponlack zu einem Brei vermengt und als dünner Film (max. Schichtdicke ca. 0,15 mm) auf den Probenträger aufgetragen. Nach dem Trocknen des Films wurden die Röntgenuntersuchungen in Luft bei Raumtemperatur sowie bei 100, 130, 160 200, 300, 400, 500, 600 und 700°C durchgeführt, wobei die Proben jeweils vor den Aufnahmen 1/2 bis 1 Stunde auf den gewünschten Temperaturen gehalten worden waren. Die Aufheizgeschwindigkeit betrug 2°/min. Eine ausführliche Beschreibung einer ähnlichen Kammer mit einer Arbeitsanleitung sowie eine Diskussion über die Anwendungsgrenzen der Hochtemperatur-Röntgenographie werden in einer Arbeit von Krönert und Rehfeld gegeben (12).

Zusätzlich wurden nach einem verfeinerten Meßverfahren mit einem Dilatometer der Fa. Netzsch mit Derivation (thermische Ausdehnung mit Differenzierglied) im Aluminiumoxidsystem Probekörper mit den Abmessungen 50 x 5 x 5 mm untersucht. Die Aufheizgeschwindigkeit betrug von Raumtemperatur bis 1000°C 2°C/min.

7.2 Die Umwandlung von geordnetem Tridymit (Tridymit S)

Es lag nahe, den Einfluß der unterschiedlich geordneten Tridymite auf die technologischen Eigenschaften von Silikasteinen zu untersuchen. Vorversuche durch Abschrecken der Proben ließen keine Aussagen über das Verhalten der Tridymite unterschiedlichen Ordnungszustandes bei höheren Temperaturen zu. Daher wurden die Untersuchungen mit einer Hochtemperatur-Röntgenkammer durchgeführt, um Aussagen über die Stoffeigenschaften, die auf das innigste mit den Gitterstrukturen verknüpft sind, zu erhalten.

Die in den gebrauchten Silikasteinen auftretenden Tridymitphasen können neben Glas- bzw. Schmelzphase noch wechselnde Mengen Pseudowollastonit

---

*Der Firma Paar KG Graz, möchten wir an dieser Stelle für die freundliche Überlassung einer solchen Einrichtung danken.

Der Firma Netzsch, Selb/Bayern, danken wir für die Durchführung zahlreicher Kontrollmessungen an verschiedenen Tridymitproben, die mit einer neuen Dilatometereinrichtung mit Derivation durchgeführt wurden.

(CaSiO$_3$), Rutil (TiO$_2$), mitunter auch Titanit/Sphen (CaTiSiO$_5$) als Neben-
gemengeteile enthalten, die das Umwandlungsverhalten evtl. beeinflussen
können.

Ein geordneter Tridymit wandelt reversibel nach Untersuchungen mittels
Differentialthermoanalyse bei 100, 110 und 140°C um. Verfolgt man mit
dem Hochtemperatur-Diffraktometer das Umwandlungsverhalten eines unbehandelten Tridymits, so erkennt man ebenfalls bei 100°C einen ersten
Effekt. Die Aufspaltungen der Interferenzen in Vierergruppen und Doubletten, die durch Überstruktur verursacht werden, verschwinden (Abb. 4).

Zwischen 100 und 160°C ist das Diagramm linienärmer geworden, und die
Peaks mit d = 4,11 Å haben eine höhere Intensität gegenüber den Linien
mit dem Netzebenenabstand d = 4,33 Å. Einige schwache Interferenzen verschwinden und andere treten neu hinzu. Bei ca. 160°C hat sich das Rönt-
gendiagramm gegenüber dem bei 100°C geringfügig geändert. so daß man
eine zweite Umwandlung bei ca. 160°C annehmen kann. Dieser Effekt ist
nach Flörke (7) auf die Umwandlung der 2-Schichtstrukturelemente (Tridymit) zurückzuführen, während die Unstetigkeit bei 200°C auf die 3-Schicht-
strukturelemente (Cristobalit) zurückgehen. Bei 200°C beobachten wir eine Linienabfolge. die bereits der bei höheren Temperaturen zu erwarten-
den hexagonalen Hochtemperatur-Modifikation sehr ähnelt. Die einzelnen
Beugungslinien sind jedoch stark verbreitert. erst bei 300°C werden alle
Interferenzen schärfer und die Peaks mit d = 4,33 und 4,11 Å haben unge-
fähr gleiche Intensitäten. Zwischen 400 und 500°C bildet sich die hexagonale Hochtemperaturform des Tridymits mit scharfen Interferenzen aus.

Die Gitterparameter sowie Volumina der Elementarzellen verschiedener
Tridymite sind in Tab. 2 zusammengestellt. Zwischen 460 und 700°C nehmen die Gitterkonstanten für a geringfügig, die für die c-Achse jedoch
stärker ab und rufen somit eine Volumkontraktion hervor.

Durch Änderung der Gitterkonstanten mit der Temperatur kann in Abb. 5
das Umwandlungsverhalten eines sehr gut geordneten, monoklinen Tridymits vor und nach der Behandlung mit konz. H$_3$PO$_4$ verfolgt werden. Zum
besseren Vergleich der Gitterparameter der verschiedenen Tridymite wurde auf hexagonale Zelldimensionen bezogen. Der Verlauf der a-Achse zwischen Raumtemperatur und 700°C zeigt vor und nach der Behandlung mit
H$_3$PO$_4$ einen mehr oder weniger kontinuierlichen Anstieg; ausgeprägte Hal-
tepunkte sind kaum zu erkennen. Die c-Achse dagegen macht deutlich Änderungen innerhalb des Gitters sichtbar. So kann aus Abb. 5 für einen sehr
gut geordneten monoklinen Tridymit (Tridymit S) in Pulverform folgendes
Umwandlungsschema vor und nach H$_3$PO$_4$-Behandlung abgelesen werden
(Tab. 3).

Die in der Tab. 3 unterstrichenen Temperaturen geben an, daß unter ir-
gendwelchen Veränderungen innerhalb des Gitters die eine Tridymitform
in die andere übergeht. Zwischen den angegebenen Temperaturen liegen
verschiedene Tridymite mit unterschiedlichen Strukturen vor. Ob jedoch
alle Tridymitformen eigene definierte Strukturen besitzen, läßt sich an-
hand von Pulveraufnahmen nicht entscheiden. Die Angaben sollten nur tem-
peraturabhängige Veränderungen innerhalb des Gitters verdeutlichen.

Tab. 2: Gitterkonstanten und berechnete Dichten für Tridymite unterschiedlichen Ordnungsgrades, bezogen auf hexagonale Achsen

	t ($^{\circ}$C)	a (Å)	c (Å)	V (Å^3)	Dichte g/cm^3
Tridymit S	20	$5,00_3$	$8,23_3$	178,6	$2,27_6$
vor H_3PO_4	460	$5,05_8$	$8,27_2$	183,3	$2,21_6$
	500	$5,04_0$	8.25_1	181,5	$2,24_0$
	600	$5,03_7$	$8,24_8$	181,2	$2,24_2$
	700	$5,03_4$	$8,24_5$	181,0	$2,24_4$
Tridymit S	20	$4,96_5$	$8,15_8$	174,1	$2,27_9$
nach H_3PO_4	460	$5,02_0$	$8,20_6$	179,1	$2,21_6$
	500	$5,00_0$	$8,18_2$	177,1	$2,24_1$
	600	$5,03_0$	$8,25_1$	180,8	$2,19_5$
Tridymit M	20	$4,99_0$	$8,21_4$	177,1	$2,26_9$
vor H_3PO_4	500	$5,06_3$	$8,27_8$	183,7	$2,18_8$
	600	$5,04_5$	$8,25_1$	181,8	$2,21_0$

Tab. 3: Displazive Umwandlung verschiedener Tridymittypen vor und
nach der Behandlung mit Phosphorsäure

Formen	S vor H_3PO_4	S nach H_3PO_4	M vor H_3PO_4
I	unter 100°C	unter 100°C	unter 100°C
II	100 - 160°C	100 - 150°C	110 - 130°C
III	160 - 200°C	150 - 200°C	130 - 160°C
IV	200 - 460°C	200 - 300°C	160 - 200°C
V	460 - 1470°C	300 - 460°C	200 - 460°C
VI		460 - 500°C	460 - 1470°C
VII		500 - 1470°C	

Nach der Behandlung mit konz. H_3PO_4 laufen die Gitterparameter, wenn auch zu niedrigeren Werten verschoben, dem unbehandelten Tridymit teilweise parallel. Das Herauslösen der Fremdbeimengungen durch die heiße konz. Phosphorsäure bewirkte eine Kontraktion des Gitters (Tab. 2).

Abb. 6 zeigt die Volumina der Elementarzellen in Abhängigkeit von der Temperatur.

Die röntgenographisch bestimmten Dichten für die mit und ohne Phosphorsäure behandelten Tridymite werden in Abb. 7 in Abhängigkeit von der Temperatur einander gegenübergestellt. Anomalien in der Dichte bzw. dem Volumen der Elementarzelle bei einzelnen Tridymiten sind deutlich erkennbar, d. h. in einigen Bereichen nimmt das Volumen mit steigender Temperatur ab bzw. die Dichte zu. Oberhalb 460°C tritt bis 700°C eine Kontraktion des Gitters ein, die im Widerspruch zu der durch die Theorie geforderten Gitteraufweitung aufgrund der thermisch bedingten Wärmeschwingung steht. Da die Wärmeausdehnung vom Gitteraufbau bestimmt wird, erlauben diese Beobachtungen Rückschlüsse auf die Struktur der Tridymite.

Sehr deutlich kommt diese Abhängigkeit bei Gittern mit ausgeprägten Schicht- und Kettenbildungen zum Ausdruck. Hierher gehören auch die SiO_2-Modifikationen Quarz, Cristobalit und Tridymit (9), die sich nur durch ihren Rhythmus in der Überlagerung der Schichten voneinander unterscheiden. Die kürzesten Verbindungslinien zwischen den einzelnen Atomen liegen etwa in der Basislinie.

Die nach unseren Messungen aus den Hochtemperatur-Röntgendiffraktometeraufnahmen berechneten linearen Ausdehnungskoeffizienten sind in Tab. 4 zusammengestellt. Eine Abhängigkeit des Umwandlungsverhaltens vom Fremdioneneinbau und damit vom Ordnungszustand des Gitters macht sich zwischen Raumtemperatur und 460°C deutlich bemerkbar. Ein stark fehlgeordneter Tridymit M hat zwischen Raumtemperatur und 460°C eine Volumzunahme um 3,7 Vol. -%, während sich ein gut geordneter Tridymit S nur um 2,6 Vol. -% ausdehnt. Zwischen 600 und 460°C ist dagegen die Dehnung mit rd. 1,0 Vol. -% bei allen Typen gleich (Tab. 4). Interessant ist, daß wir sowohl bei sehr gut geordneten als auch stark fehlgeordneten Tridymiten bereits unterhalb 200°C z. T. negative Ausdehnung beobachten konnten. Die Ausdehnung ist senkrecht zu den $SiO_{4/2}$-Tetraederschichten größer als innerhalb der Schichten.

Rigby und Mitarbeiter (13, 14) haben in zahlreichen Arbeiten die Ausdehnungskoeffizienten für die reversible thermische Ausdehnung von feuerfesten Materialien zusammengetragen. Sie geben u. a. für einen bei 117 und 163°C umwandelnden Tridymit zwischen 400 - 500°C eine "sehr niedrige" und zwischen 700 - 1000°C eine "mögliche negative" Ausdehnung an. Ähnliche Werte werden auch für Cristobalite in den obengenannten Temperaturbereichen mitgeteilt. Unsere Werte, mittels Hochtemperatur-Röntgendiffraktometrie erhalten, präzisieren diese Angaben.

Für eine Kontraktion des Gitters (trotz steigender Wärmezufuhr) kann man Platzwechsel- und Diffusionsvorgänge, den Beginn von Sinter- und Schmelzprozessen, Gittereinregelung einer neu gebildeten Hochtemperaturmodifikation u. a. verantwortlich machen.

Tab. 4: Lineare Ausdehnungskoeffizienten x 10^6 von Tridymiten verschiedenen Ordnungsgrades vor und nach Behandlung mit H_3PO_4

Temperatur (^{o}C)	S vorher	S nachher	M vorher	
20 - 100	+26	-50		+14
			100 - 110	+ 1163
100 - 160	+34	0	110 - 130	- 254
			130 - 160	+ 153
160 - 200	-41	+155		-114
200 - 300	+39	0		+29
300 - 460	+15	+37		+4
460 - 500	-90	-75		+5
500 - 600	-3	+62		-35
600 - 700	-3	n. b.		n. b.
20 - 460	+20	+21		+28
460 - 600	-27	+23		-23
20 - 160°C	1, 2 Vol.%	0, 7 Vol.%	3, 7 Vol.%	
20 - 460°C	2, 6 Vol.%	2, 8 Vol.%	3, 7 Vol.%	
600 - 460°C	1, 1 Vol.%	0, 95 Vol.%	1, 0 Vol.%	

Bei Tridymit dürfte die oberhalb 460°C beobachtete Gitterkontraktion aus der Überlagerung der verhältnismäßig starken Volumkontraktion, hervorgerufen durch die Einordnung der Gitterbausteine auf die Gitterplätze der Hochtemperaturmodifikation, über die thermisch bedingte Gitteraufweiterung infolge Wärmeschwingung der Gitterbausteine resultieren. Analoges beobachtete Kohler (15) bei der Umwandlung von Tief- in Hochquarz und Schulz bei der Hochform von ß-LiAlSiO$_4$.

7.3 Die Umwandlung von fehlgeordnetem Tridymit (Tridymit M)

Der fehlgeordnete Tridymit (Tridymit M) aus einem Silikaglaswannenstein zeigt nach Untersuchungen mit der DTA zwei Umwandlungseffekte, die bei 130 und 170°C liegen. Nach einer Behandlung mit konz. H_3PO_4 bei 200°C gingen die Umwandlungstemperaturen auf 100 und 140°C zurück. Die Röntgenbeugungsdiagramme zeigen bis 100°C die gleiche Linienabfolge wie bei Raumtemperatur. Bei 110°C findet eine erste Umwandlung statt. Die Interferenzen bei d = 4, 36 Å (100) und d = 3, 87 Å (101) sind in 2 Linien aufgespalten, während der Peak bei d = 4, 11 Å (002) eine höhere Intensität als die beiden vorhergenannten hat. Die Intensität der Peaks bei d = 3, 27 Å und 3, 19 Å nimmt bis 160°C stetig ab, während bei d = 2, 52 Å eine Interferenz neben d = 2, 50 Å neu hinzukommt, deren Intensität stetig zunimmt.

Die Linie d = 2, 50 Å zeigt eine Abnahme der Intensität bis 200°C und ist bei 300°C verschwunden. Es liegt dann nur noch eine intensitätsstarke Interferenz bei d = 2, 52 Å vor. Bei 300°C werden keine schwachen Reflexe mehr beobachtet und bis 500°C erfolgt der Übergang in den hexagonalen Hochtridymit. Die Aufspaltung und das Verschwinden und Hinzukommen von Interferenzen zeigen eine Umgruppierung innerhalb des Gitters an. Der

stark fehlgeordnete Tridymit geht in einen Tridymit mit ausgeprägtem 3-
Schichtanteil über, wozu der starke Intensitätsanstieg des Peak d = 4,11 Å
und das zusätzliche Auftreten der Linie bei d = 2,52 Å gehören (Abb. 8).
Bei wiederholtem Aufheizen und Abkühlen wird dabei die bei Raumtemperatur vorliegende Tridymit-Ausgangsform stets wieder erreicht.

Dieser Umwandlungsmechanismus wird ebenso bei allen Tridymiten mit er-
heblichem Fehlordnungsanteil beobachtet. Interessant ist, daß sich dies be-
sonders auf die a-Achse auswirkt d. h. sich in den Schichten senkrecht zur
Hauptachse bemerkbar macht.

Die Abb. 9 und 10 geben einmal die Änderung der Gitterkonstanten a und c
und zum anderen die Volumina der Elementarzellen mit der Temperatur
wieder. Zum besseren Verständnis wurden auch hier die a- und c-Achsen
auf hexagonale Zelldimensionen bezogen.

Die aus den Röntgendaten berechnete Dichte (Abb. 7) nimmt anfangs mit
steigender Temperatur bis 110°C ab. Zwischen 110 und 130°C findet eine
Kontraktion des Gitters mit einer Zunahme der Dichte statt. Zwischen 130
und 160°C beobachtet man mit steigender Temperatur eine erneute Gitteraufweitung, die mit einer Abnahme der Dichte parallel geht. Bis 160°C hat
sich das Gitter so weit geordnet, daß unter erneuter Volumkontraktion bis
200°C und anschließender Aufweitung bis 460°C ein dem geordneten Tridymit paralleler Ausdehnungsverlauf zu beobachten ist. Oberhalb 460°C tritt
dann, wie bei geordnetem Tridymit unter Zunahme der Dichte, eine erneute Kontraktion des Gitters mit steigender Temperatur ein.

<u>7.4 Die Umwandlung von Tridymiten mit unterschiedlicher Ordnung</u>

Tridymite unterschiedlichen Ordnungsgrades zeigen sowohl verschiedene
Umwandlungstemperaturen als auch in der Stärke veränderte Effekte, die
je nach Vorgeschichte und Fremdioneneinbau stark variieren. Die Umwandlungen erfolgen dann in Temperaturbereichen und haben keine oder nur sehr
schwache Hysteresis (9). Tridymite können auch nur einen einzigen Effekt
bei ca. 100°C zeigen.

Da sich bei der Umwandlung die mehr oder weniger fehlgeordneten Tridymite aus Silikakoksofensteinen ähnlich verhalten, wurde stellvertretend ein
Tridymit ausgewählt, der 20 Jahre in einer Koksofenbatterie eingebaut war
und bei Raumtemperatur noch etwas k-Packungsanteil (Cristobalit) hatte.
Der unbehandelte Tridymit ergab nach DTA-Messungen bei 85°C einen
schwachen, bei 100°C einen starken und bei 125°C wiederum einen schwachen exothermen Peak. Nach der Behandlung mit konz. H_3PO_4 waren die
Umwandlungseffekte auf 95 und 135°C heraufgegangen. Die Dichte betrug
2,31$_5$ g/cm^3. An Fremdbeimengungen waren nach der H_3PO_4-Behandlung
vorhanden: 0,25 % Al_2O_3, 0,10 % TiO_2, 0,03 % CaO und 0,05 % Na_2O+K_2O
(Tab. 1).

Beim Aufheizen auf 100°C blieb im Röntgenbeugungsdiagramm der 3-Schicht-
anteil von Cristobalit erhalten. Ob die Zunahme der Intensität der Interferenz bei d = 4,11 Å reell ist, kann nicht mit Sicherheit entschieden werden,
da bei der gerätebedingten Präparationsmethode zwangsläufig wegen der

plattigen Ausbildung der Tridymitkristalle Orientierungseffekte auftreten, die für diese starke Überhöhung der Interferenz d = 4,11 Å mit verantwortlich sind. Bei 130°C ist die Aufspaltung einiger Interferenzen in Doubletten verschwunden, jedoch ist noch der 3-Schichtanteil von Cristobalit sichtbar, der erst bei 160°C verschwindet. Die Interferenzabfolge gleicht der für die hexagonale Hochtemperaturform des Tridymits. Die Interferenzen sind alle verbreitert und die Linie d = 4,11 ist stärker als d = 4,33 Å. Zwischen 200 bis 460°C werden die Linien etwas schlanker, jedoch bleibt bis 460°C d = 4,11 Å stärker in der Intensität als 4,33 Å. Oberhalb 460°C liegt dann ein Hochtridymit mit normaler Linienabfolge seines Röntgenbeugungsdiagramms vor.

Abb. 11 zeigt den Verlauf der Gitterkonstanten für einen Tridymit mit geringer Fehlordnung und Abb. 12 die Volumina der Elementarzellen bei verschiedenen Temperaturen.

Interessant ist eine Gegenüberstellung der von Flörke (16) an Tridymit S durchgeführten Elektrolyseversuche und unseren Lösungsversuchen mit konz. H_3PO_4 an mehr oder weniger fehlgeordneten Tridymiten (3). Das Herauslösen von Fremdionen aus dem Gitter führt, wie die bei Flörke (16) S. 95, D = Anodenseite, gezeigten Röntgenbeugungsdiagramme erkennen lassen, unter Neubildung von Cristobalit zu einem gut geordneten Tridymit (Tridymit S). Die Kathodenseite E (Fremdionenaufnahme bei der Elektrolyse) S. 95 zeigt dagegen einen stark fehlgeordneten Tridymit. Unsere Lösungsversuche mit H_3PO_4 (3) S. 172 bestätigen diese Beobachtungen. Bei Temperaturerhöhung wandelt jedoch ein Tridymit - unter Beibehaltung der Fremdionen im Gitter - unter Dilatation und Kontraktion bis rd. 460°C reversibel in den hexagonalen Hochtridymit um, wobei bei einem sehr stark fehlgeordneten Tridymit ein erhöhter 3-Schichtanteil von Cristobalit zu beobachten ist. Der hexagonale Hochtridymit kontrahiert unabhängig von der Ausgangsfehlordnung zwischen 500 - 700°C um rd. 1 Vol.-%, und bei 1500°C je nach Ausgangsrohstoff zeigt er ein mehr oder weniger starkes Nachwachsen.

8. Die negative Ausdehnung bei Silikasteinen

8.1 Einführung

Von verschiedenen Autoren wurde bereits darauf hingewiesen, daß Silikasteine zwischen 700 und 1500°C eine negative Ausdehnung mit anschließendem Nachwachsen zeigen (17, 18). Setzt man z.B. Silikasteine einem wiederholten Temperaturwechsel (Pendelversuche zwischen 900 und 1500°C) aus, so wird trotz Temperaturerhöhung ein Nachschwinden des Materials beobachtet. Es handelt sich hierbei um eine reversible und negative thermische Ausdehnung in diesem Temperaturbereich (19).

Dieses Phänomen stellt z.B. beim Antempern von mit Silikasteinmaterial zugestellten Öfen ein besonderes Problem dar. Es lag daher nahe, die beim Studium der einzelnen Tridymite gewonnenen Erkenntnisse zur Klärung heranzuziehen und weitere Versuche im kritischen Temperaturbereich durchzuführen. Hierzu boten sich vor allem eine neue verfeinerte Methode der

Dilatometermessung mit Derivation an, die eine gleichzeitige Messung der
differenzierten Ausdehnung mit der Ausdehnungsgeschwindigkeit zusammen
registriert. Ferner wurden Pendelversuche an größeren Prüfkörpern durchgeführt, die auf einem mehrmaligen Aufheizen und Abkühlen in bestimmten
Temperaturbereichen beruhen.

Ein negatives Ausdehnungsverhalten ist u. a. von Quarz (20 - 22), der Hochform von ß-LiAlSiO$_4$ sowie Anorthit (CaAl$_2$Si$_2$O$_8$) bekannt. Diese Mineralien haben alle eine quarzähnliche Struktur. Schulz[*] führt aufgrund von
Strukturbestimmungen die negative Ausdehnung bei der Hochform des ß-
LiAlSiO$_4$ darauf zurück, daß bei Raumtemperatur die Gitterplätze mit den
kleinsten Li-O-Abständen besetzt sind, während mit steigender Temperatur die Li-Atome statistisch auf die Plätze mit den größeren Li-O-Abstands-
werten überwechseln. Hierbei beeinflussen sie dann ihre neue Sauerstoff-
umgebung so, daß sich die c-Achse verdoppelt. Schulz folgert weiter, daß
ähnliche Erscheinungen alle Substanzen mit Gerüstgittern und Hohlräumen
bei Einbau von Ionen hoher Feldstärke zeigen müßten. Es war daher naheliegend, auch für die negative Ausdehnung bei Tridymit nach einer ähnlichen Erklärung zu suchen.

8.1.1 Thermische Ausdehnung von Tridymiten unterschiedlicher Fehlord-
      nung bei wiederholtem Erhitzen

Auf die Änderung der thermischen Ausdehnung bei Silikasteinen durch wie-
derholtes Aufheizen und Abkühlen wurde verschiedentlich hingewiesen (17,
23 - 25). So haben Ehrcke und Schwiete (26) die thermische Ausdehnung von
Silikasteinen optisch nach der Kompensatormethode gemessen. Dabei beob-
achteten sie an den Probekörpern zwischen 900 und 700°C eine Dehnung.
Diese Dehnung während des Abkühlens wurde wiederholt an einem quarz-
reichen wie auch an einem völlig umgewandelten, d. h. quarzfreien Silikastein gemessen.

Da wir bei unseren Untersuchungen mit der Hochtemperatur-Röntgenkammer zwischen 460 und 700°C eine negative Ausdehnung bei Tridymit beobachten konnten, führten wir unsere Pendelversuche an diesen Proben zwischen 800 und 1500°C durch (Abb. 13) (*). Prüfkörper von 50 mm Höhe und
50 mm Durchmesser von Silikasteinen mit Tridymiten unterschiedlicher
Fehlordnung wurden zwischen 20 und 800°C mit einer Aufheizgeschwindigkeit von 5°C/min und von 800 - 1500°C mit 0,5^{o}C/min gefahren. In Abb. 13
sind die Ausdehnungskurven verschiedener Silikasteine einander gegenübergestellt. Deutlich ist zu erkennen, daß bei einem sehr gut geordneten Tridymit (Tridymit S) (Verunreinigungen: 1,0 % Al$_2$O$_3$, 0,35 % TiO$_2$, 0,30 %
Fe$_2$O$_3$ 3,0 % CaO, 0,19 % MgO 0,03 % Na$_2$O und 0,07 % K$_2$O) aus einem
Silikastein, der 2 Jahre in einem Ringofen eingesetzt war, bei 500°C die
Ausdehnung quasi zum Stillstand kommt, da die geringen Änderungen von

---

[*]Schulz: Vortrag DKG-Tagung Salzburg 1969 im Druck (persönliche Mit-
        teilung)

(*) Herrn Dr. Overkott von der Fa. Dr. C. Otto Comp. GmbH., Bochum-
Dahlhausen, danken wir für die zur Verfügung gestellten Daten sowie wert-
vollen Anregungen und Diskussionsbemerkungen.

den Poren oder Mikrorissen aufgefangen werden. Zwischen 800 und 1500°C
wird eine negative Ausdehnung beobachtet. Dieser Vorgang ist in diesem
Temperaturbereich reversibel (Kurve 1). Die Ausdehnungskurve eines Sili-
kaglaswannensteines mit einem Tridymit mit 50 % Fehlordnungsanteil zeigt
Abb. 13, Kurve 2. Dieser Stein enthält an Verunreinigungen: 0,31 % Al_2O_3,
0,1 % TiO_2, 0,14 % Na_2O und 0,05 % K_2O. Der Mineralbestand ist: 52 %
Tridymit, 38 % Cristobalit und 10 % Glasphase. Gegenüber dem sehr gut
geordneten reinen Tridymitkörper erkennt man deutlich ein etwas anderes
Ausdehnungsverhalten, das mit den Versuchsergebnissen mit der HT-Rönt-
genkammer übereinstimmt. Nach dem Pendelversuch setzte sich der Prüfkörper aus 87 % Tridymit, 2 % Cristobalit und 10 % Glasphase zusammen.
Die dritte Ausdehnungskurve zeigt zum Vergleich einen ungebrauchten Silikastein, der vor dem Einsatz aus 50 % Tridymit, 36 % Cristobalit und 14 %
Glas bestand. Nach dem mehrmaligen Pendeln zwischen 800 und 1500°C
wurde die Zusammensetzung des Prüfkörpers zu 67 % Tridymit 28 % Cristobalit und 5 % Glasphase bestimmt. Leider stand uns, wie im Falle des
sehr gut geordneten Tridymits, kein monomineralischer Silikastein eines
sehr schlecht geordneten Tridymits zur Verfügung, um gegenüber Kurve 1
einen besseren Vergleich zu erhalten. Die Ausdehnungskurven machen es
jedoch deutlich, daß für das Auftreten einer negativen Dehnung zwischen rd.
500 bis 1500°C nur der Tridymit verantwortlich ist. Zusätzlich wird der
Verlauf der Ausdehnungskurve durch den Anteil an Cristobalit überprägt.
Weitere Versuche mit der HT-Kammer in dem fraglichen Temperaturbereich sollen die Kenntnisse über den Ausdehnungs- und Umwandlungsmechanismus bei Tridymit noch vertiefen.

Die nach verschiedenen, voneinander unabhängigen Verfahren erhaltenen
Ergebnisse lassen den Schluß zu, daß für die negative Ausdehnung zwischen
500 und 1500°C nur Veränderungen innerhalb der Tridymitstruktur verantwortlich sind, zumal die Verhältnisse nicht durch anwesenden Quarz und in
vielen Fällen auch nicht durch Cristobalit verfälscht wurden.

Die Ergebnisse weisen weiter darauf hin, daß die zwischen 500 und 1500°C
auftretende Dehnung vom Ordnungszustand des Tridymits unabhängig ist,
d. h. alle bei Raumtemperatur und bis 500°C mehr oder weniger fehlgeordneten Tridymite gehen oberhalb dieser Temperatur in einen hexagonalen
Hochtridymit über, dessen Gitter mit steigender Temperatur durch Platz-
wechselvorgänge so beeinflußt wird, daß daraus eine Kontraktion des Gitters resultiert. Vielleicht kann eine Parallele zum Umwandlungsmechanismus der Hochform des β-$LiAlSiO_4$ und des Plagioklases gezogen werden,
wo durch statistischen Platzwechsel einzelner Atome die Verhältnisse im
Gitter in ähnlicher Weise verändert werden und eine negative Ausdehnung
hervorrufen.

9. Zusammenfassung

Die bisherigen Verfahren zur Ermittlung des Umwandlungs- bzw. Ausdeh-
nungsverhaltens von Silikasteinen lieferten wegen der zu unempfindlichen
Meßeinrichtung keine befriedigenden Ergebnisse. Es wurden daher neue
Verfahren wie Dilatation mit Derivation und Hochtemperatur-Röntgendiffraktometrie angewendet, um noch geringste Unterschiede bei der Ausdehnung bzw. Umwandlung messend erfassen zu können. Darüber hinaus wird

eine Methode zur Bestimmung eines Fehlordnungsanteils im Tridymit an
die Hand gegeben, und eine Anleitung zur quantitativen, röntgenographischen Phasenanalyse von Tridymit in Silikasteinen vorgelegt.

9.1 Einbau von Fremdionen, Temperatur und Zeit sind für die Ordnungs-
Unordnungsverhältnisse innerhalb des Tridymitgitters verantwortlich und
beeinflussen das Umwandlungs- bzw. Ausdehnungsverhalten.

9.2 Die neugefundene Vierergruppe von Röntgenreflexen (3,04; 3,02; 2,97
und 2,95 Å) kann neben den Doubletten (3,84 und 3,79 Å sowie 2,49 und
2,48 Å) als ein Charakteristikum für einen sehr gut geordneten Tridymit
(Tridymit S) angesehen werden.

9.3 Untersuchungen mit einer Hochtemperatur-Röntgenkammer zwischen
Raumtemperatur und 700°C an Pulvern von Tridymiten lassen je nach Fehlordnung einen unterschiedlichen Umwandlungsmechanismus erkennen. Die
Gitterparameter für die a-Achse nehmen bis 700°C mehr oder weniger stetig zu, während die für die c-Achse Kontraktionen und Dilatationen innerhalb
des Gitters deutlich sichtbar machen. Ein stark fehlgeordneter Tridymit M
hat beim Erhitzen von Raumtemperatur auf 460°C eine Volumzunahme um
3,7 Vol.-%, während sich ein sehr gut geordneter Tridymit S um 2,6 Vol.-%
ausdehnt. Oberhalb 460°C wird beim hexagonalen Hochtridymit eine negative Dehnung beobachtet die bis 700°C rd. 1 Vol.-% beträgt. Diese Volumkontraktion kann in Analogie zu anderen Mineralien mit Gerüststrukturen
und negativer Ausdehnung vielleicht auf einen statistischen Platzwechsel
einiger Atome unter Änderung der Zellabmessungen zurückgeführt werden.

9.4 Ein stark fehlgeordneter Tridymit (Tridymit M) geht reversibel über
einen Tridymit mit auffallend hohem 3-Schichtanteil (Cristobalit) in die hexagonale Hochform über. Dieser Umwandlungsmechanismus wird bei einem
sehr gut geordneten Tridymit nicht beobachtet. Bei Tridymiten mit mehr
oder weniger Fehlordnungsanteil prägt dieser den Umwandlungsverlauf.

9.5 Bei Tridymiten mit unterschiedlicher Fehlordnung kann durch Berech-
nung des Verhältnisses der integralen Intensitäten von d = 3,25 zu 2,97 Å
die Bestimmung eines Anteils von fehlgeordnetem Tridymit (Tridymit M)
ermittelt werden.

9.6 Nach der Bestimmung eines prozentualen Anteils an Fehlordnung in der
Tridymitprobe wird mit Hilfe der Röntgenbeugungslinie d = 3,87 Å die quantitative, röntgenographische Analyse von Tridymit vorgenommen. Es wird
empfohlen, einen Tridymit SM mit einem Anteil von Tridymit M bis 50 %
mit einem Tridymit S und umgekehrt einen Tridymit MS mit einem Fehlordnungsanteil von Tridymit M zwischen 50 und 100 % mit einem Tridymit
M zu eichen. Absorptionsmessungen an verschieden geordneten Tridymiten haben gezeigt, daß die zur quantitativen röntgenographischen Bestimmung verwendete Interferenz bei d = 3,84 Å je nach Fehlordnung unterschiedliche Integralintensitäten aufweist.

9.7 Dilatometrische Messungen mit Derivation nach einem neuen Meßverfahren und Pendelversuche zwischen 800 und 1500°C an sehr gut umgewan-
deltem Tridymit (Tridymit S) mit geringem Glasgehalt und ohne Quarz bzw.
röntgenographisch erkennbarem 3-Schichtanteil (Cristobalit) lassen eine

Fortsetzung der negativen Ausdehnung bis ca. 1500°C erkennen. Diese Dehnung ist jedoch vom bis 460°C vorliegenden Ordnungszustand des Tridymits unabhängig.

Literaturverzeichnis

(1) Patzak, I., Studien zur Bildung von Quarz bei niedrigen Temperaturen und Umwandlung in Cristobalit, Glastechn. Ber. 37 (1964) S. 493 - 499.

(2) Patzak, I., Probleme der röntgenographischen Cristobalitbestimmung. Die Erfassung der Fehlordnung. Ber. Dtsch. Keram. Ges. 43 (1966) S. 77 - 80.

(3) Patzak, I. und K. Konopicky, Studien an Tridymiten. Ber. Dtsch. Keram. Ges. 39 (1962) S. 168 - 174.

(4) Hoffmann, W. und F. Laves, Zur Polytypie und Polytropie von Tridymit. Naturwiss. 51 (1964) S. 335.

(5) Flörke, O.W., Die Modifikationen von SiO_2. Eine Zusammenfassung. Fortschr. Miner. 44 (1967) S. 181 - 230.

(6) Hill, V.G. und R. Roy, Silica structure studies VI. On tridymites. Trans. Brit. Ceram. Soc. 57 (1958) S. 496 - 510.

(7) Flörke, O.W., Über die Röntgen-Mineralanalyse und thermische Ausdehnung von Cristobalit und Tridymit und über die Zusammensetzung von Silikamassen. Ber. Dtsch. Keram. Ges. 34 (1957) S. 343 - 353.

(8) Sato, M., X-ray study of tridymite. Miner. J. (Jap.) 4 (1964) S. 115-130; 131-146; 215-225.

(9) Flörke, O.W., Strukturanomalien bei Tridymit und Cristobalit. Ber. Dtsch. Keram. Ges. 32 (1955) S. 369 - 381.

(10) Flörke, O.W., Über die Hoch-Tief-Umwandlung und thermische Ausdehnung von Cristobalit. Ber. Dtsch. Keram. Ges. 33 (1956) S. 319 - 321.

(11) Heimann, R. Polymorphe Kieselsäurephasen im System $(NaPO_3)_x$-Na_2SiO_3. Glastechn. Ber. 43 (1970) S. 183 - 190.

(12) Krönert. W. und G. Rehfeld. Untersuchungen im System Al_2O_3-SiO_2. Das Umwandlungsverhalten von Kyanit, Andalusit und Sillimanit. Forschungsbericht des Landes NRW Nr. 2133 (1971).

(13) Rigby, G.R. und A.T. Green, The reversible thermal expansion of refractory materials. Trans. Brit. Ceram. Soc. 37 (1938) S. 355 - 403.

(14) Rigby, G.R., Reversible thermal expansion from theoretical considerations. Trans. Brit. Ceram. Soc. 50 (1951) S. 175 - 183.

(15) Kohler, K., Der Einfluß von Dehydration und Polymorphie auf die thermisch bedingte Dilatation. Neues Jb. Mineral. Mh. (1955) S. 54 - 71.

(16) Flörke, O.W., Die Kristallarten des SiO_2 und ihr Umwandlungsverhalten. Ber. Dtsch. Keram. Ges. 38 (1961) S. 89 - 97.

(17) Metzger, C. und H.E. Schwiete, Untersuchungen über die thermische Ausdehnung und das Dauerstandsverhalten von Silikasteinen. Glastechn. Ber. 39 (1966) S. 190 - 202.

(18) Konopicky, K., K.E. Lepère, G. Routschka und H.W. Thoenes, Untersuchungen an gebrauchten Silikasteinen aus den Kammerwänden von Koksofenbatterien. Tonind.-Ztg. 92 (1968) S. 41 - 50.

(19) Schwiete. H.E. und K. Konopicky, Das Nachwachsen von Silikasteinen in Abhängigkeit von der Druckbelastung und der Aufheizgeschwindigkeit. Glastechn. Ber. 43 (1970) S. 96 - 101.

(20) Kohler, K., Der Einfluß von Dehydration und Polymorphie auf die thermisch bedingte Dilatation. Neues Jb. Mineral. Mh. (1955) S. 54 - 71.

(21) Kohler, K., Das Ausdehnungsverhalten von Quarziten und Sandsteinen unter dem Einfluß von Wärme. Radex Rdsch. 2 (1961) S. 536 - 542.

(22) Kohler, K., Untersuchungen über das wärmebedingte Ausdehnungsverhalten eines eingeregelten Quarzites. Radex Rdsch. 2 (1962) S. 70 - 81.

(23) Reich, H.F., Nachschwinden (NS) und Nachwachsen (NW) feuerfester keramischer Stoffe. Tonind.-Ztg. 86 (1962) S. 177 - 181.

(24) Reich, H.F., Beitrag zur Frage der Messung des Dehnungsverhaltens von Silika-
     koksofensteinen. Glückauf-Forschungsh. 26 (1965) S. 53 - 60.
(25) Sosman, R.B., The phases of silica. Rutgers University Press, New Brunswick,
     New Jersey (1965).
(26) Ehrcke, U. und H.E. Schwiete, Die Prüfung feuerfester Baustoffe bei hohen Tem-
     peraturen unter Belastung. Arch. Eisenhüttenwes. 34 (1963) S. 795 -. 811.

Abb. 1: Röntgenbeugungsaufnahmen von Tridymiten verschiedenen Ordnungsgrades. CuKα-Strahlung

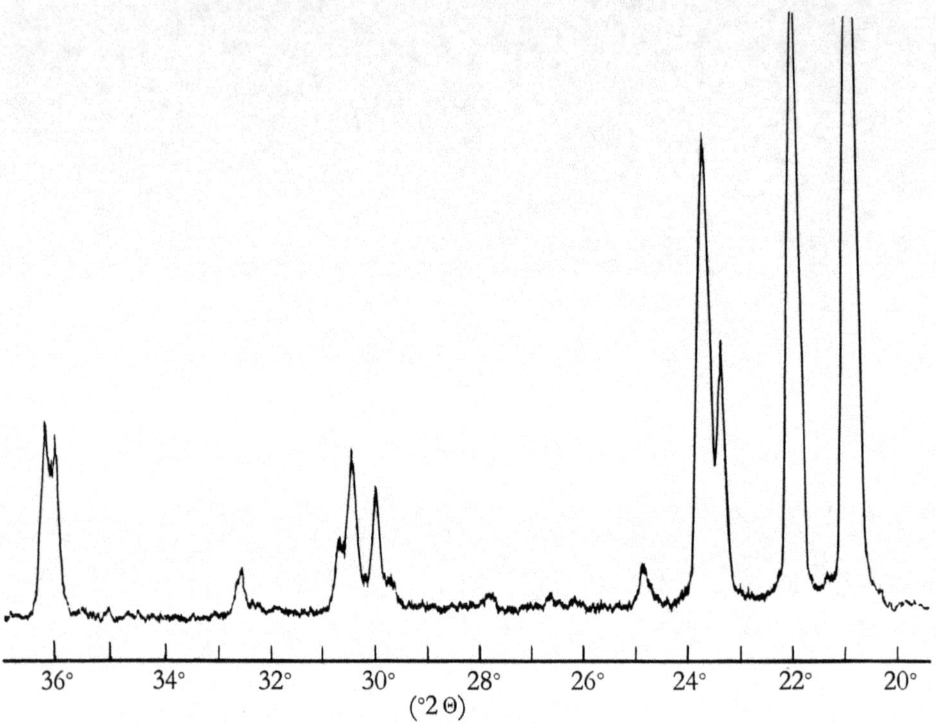

1a) sehr gut geordnet (Tridymit S)

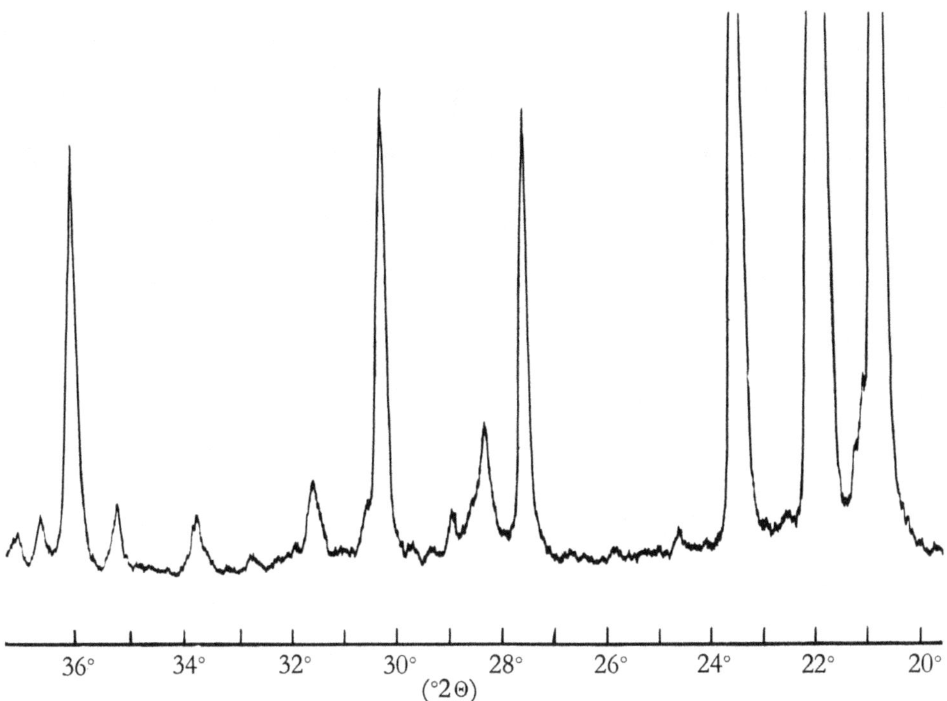

1b) stark fehlgeordnet (Tridymit M)

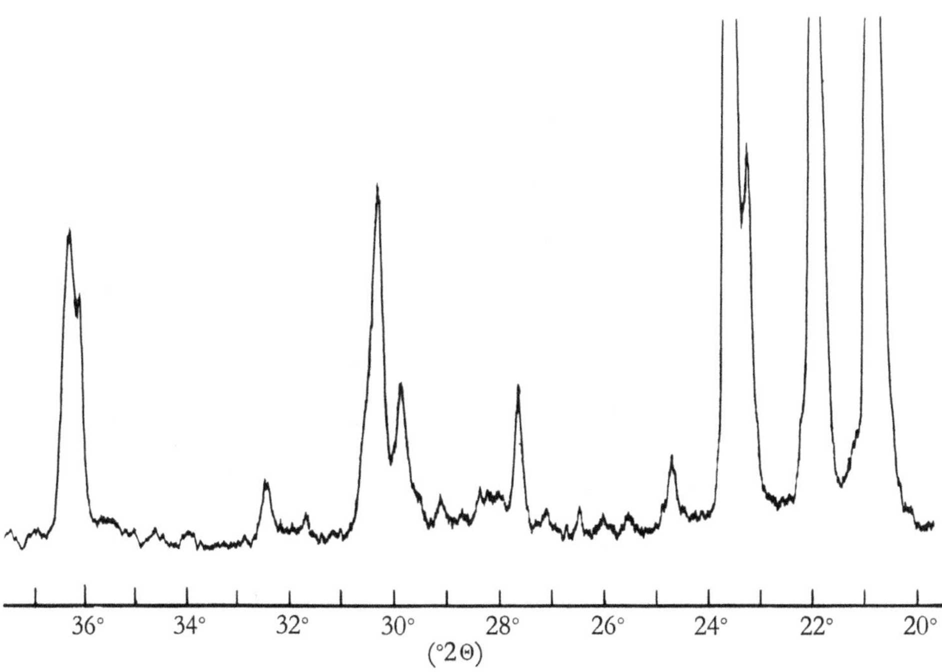

1c) unterschiedliche Ordnung (Tridymit SM)

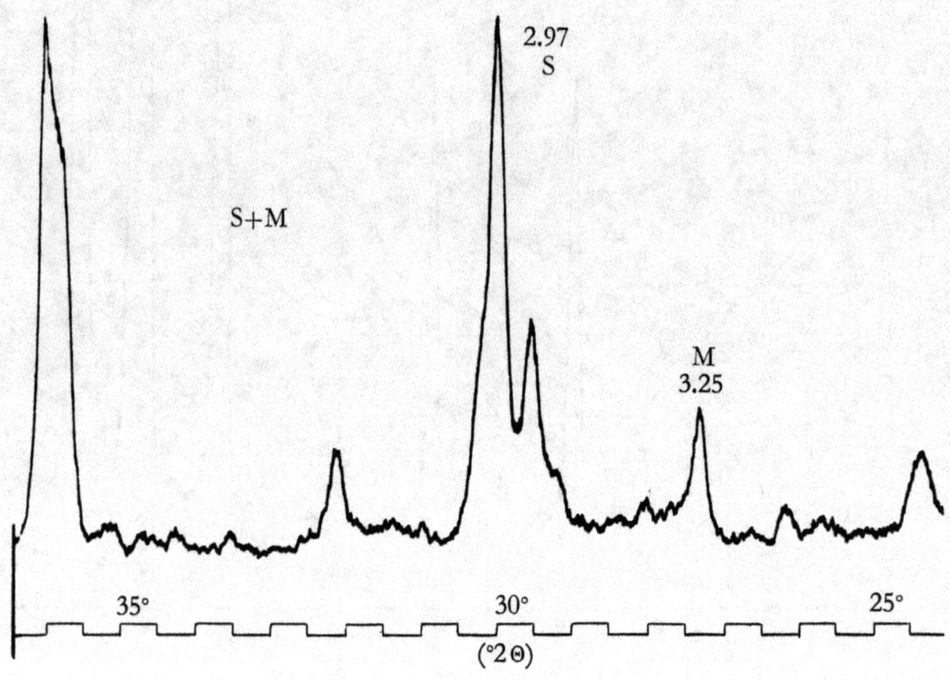

Abb. 2: Röntgenbeugungsaufnahme von Tridymit SM. CuKα-Strahlung

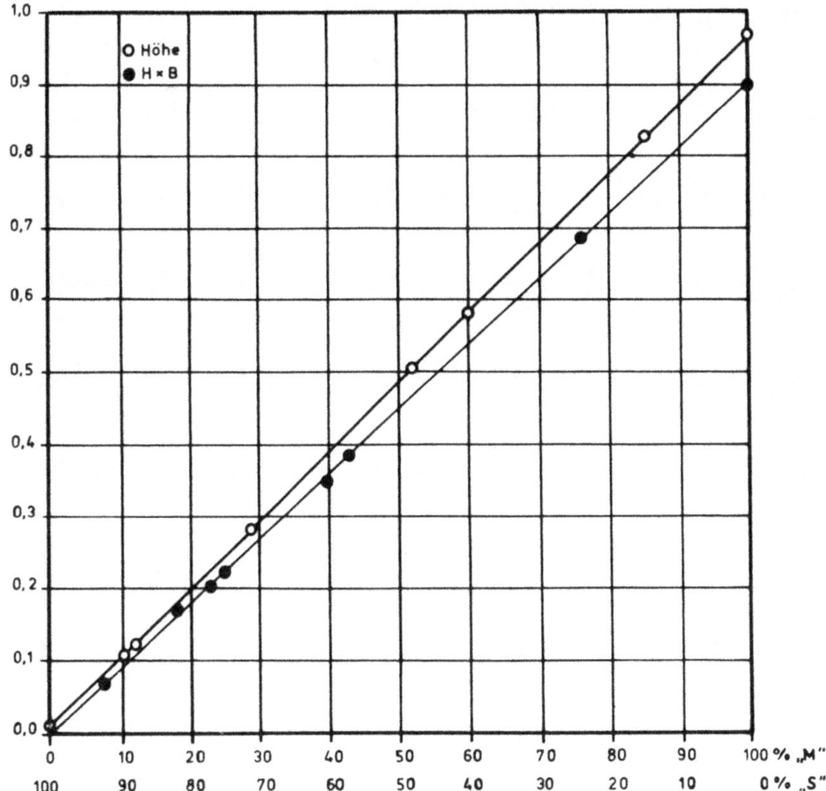

Abb. 3: Intensitätsverhältnis d = $\frac{3,25}{2,97}$ Å in Abhängigkeit vom Fehlordnungsanteil des Tridymit M

27

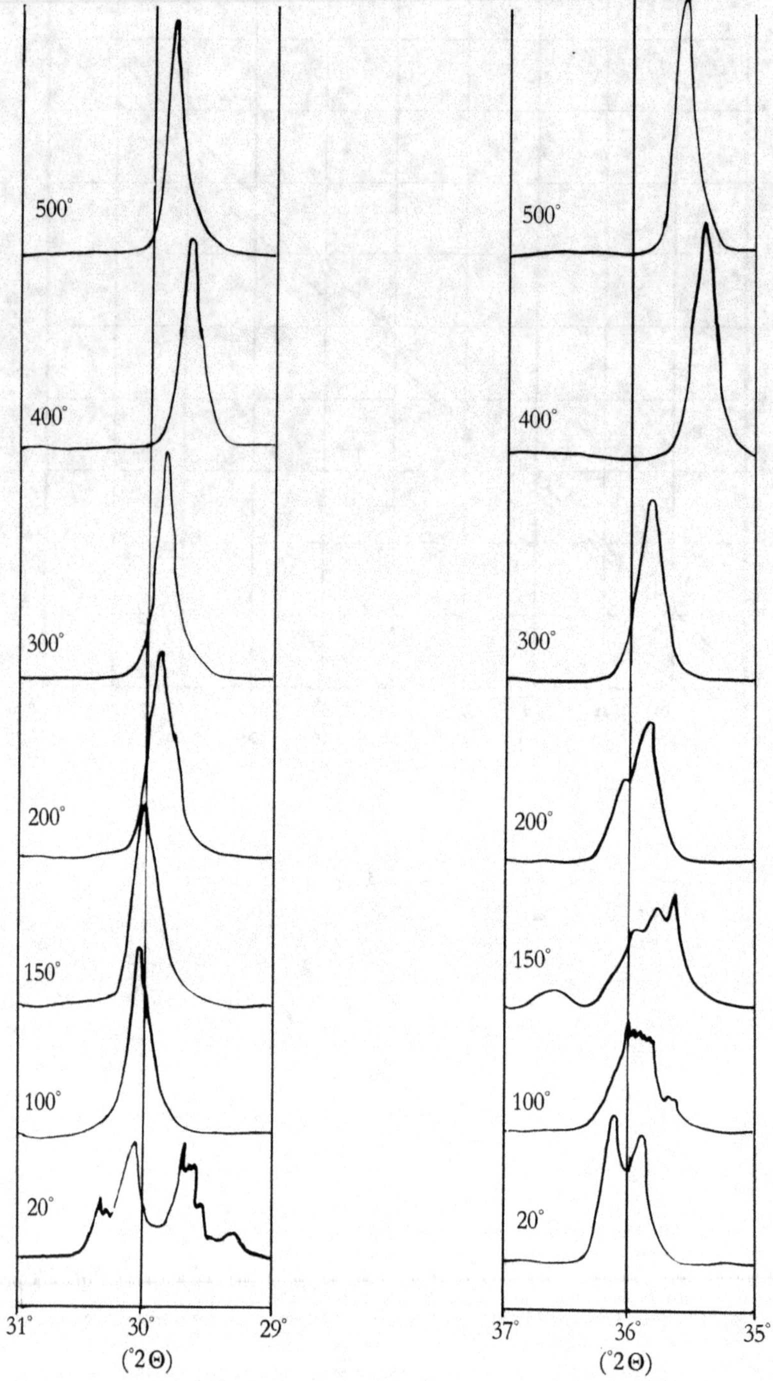

Abb. 4: Hochtemperatur-Röntgenaufnahmen eines sehr gut geordneten Tridymits (Tridymit S) mit reversibler Umwandlung. CuKα-Strahlung

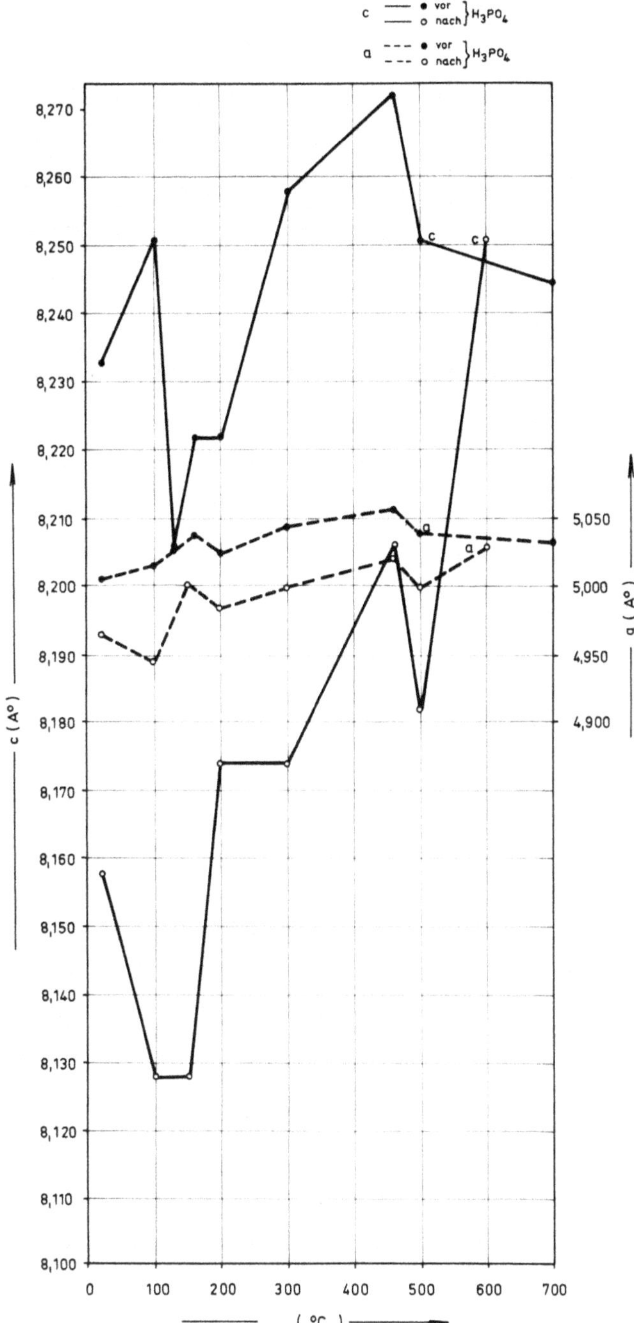

Abb. 5: Gitterkonstanten von Tridymit S in Abhängigkeit von der Temperatur, bezogen auf hexagonale Achsen

29

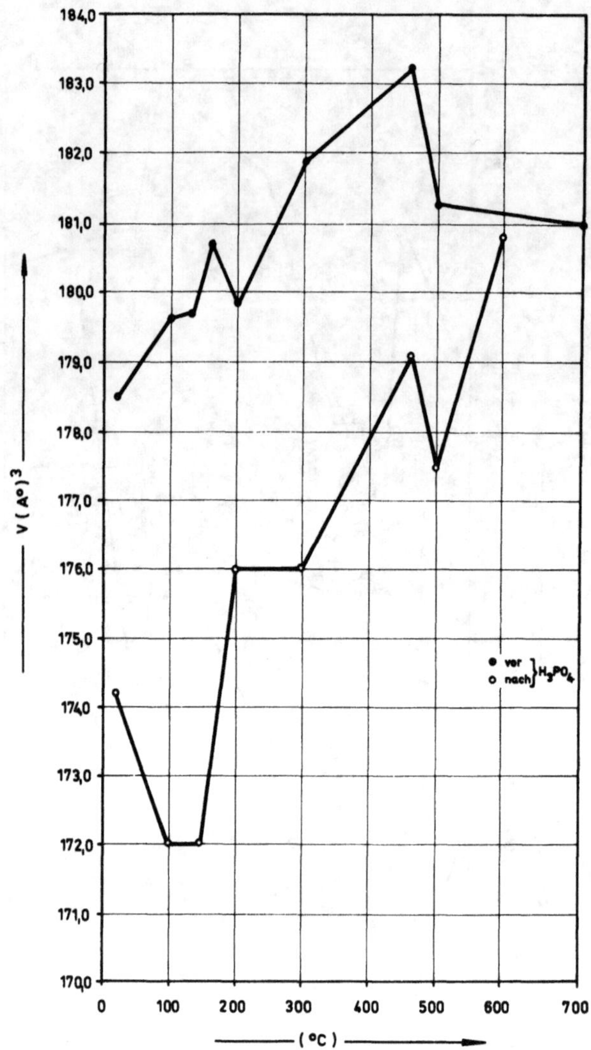

Abb. 6: Volumina der Elementarzellen für Tridymit S in Abhängigkeit von der Temperatur

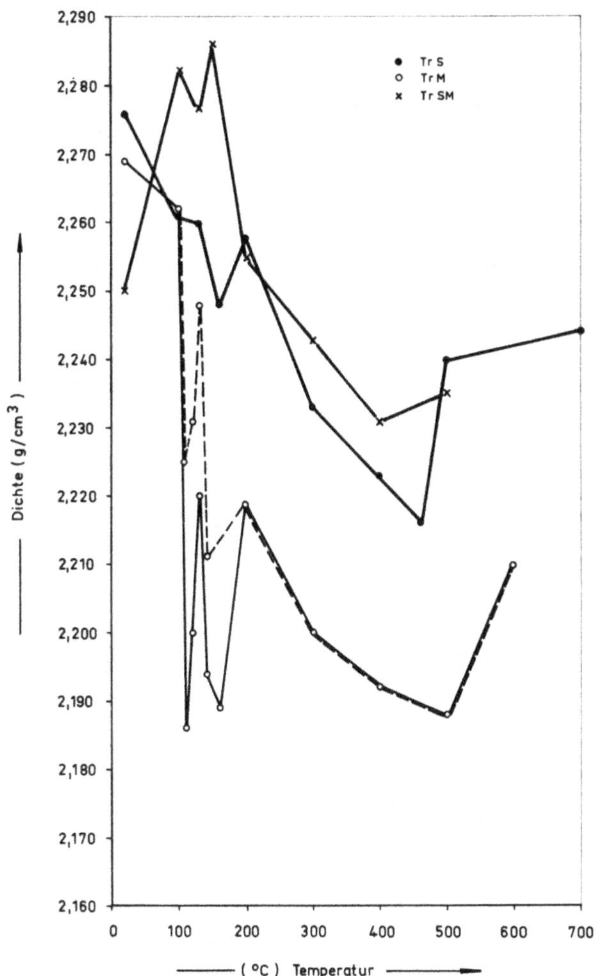

Abb. 7: Röntgenographisch bestimmte Dichten in Abhängigkeit von der Temperatur für Tridymite unterschiedlicher Fehlordnung

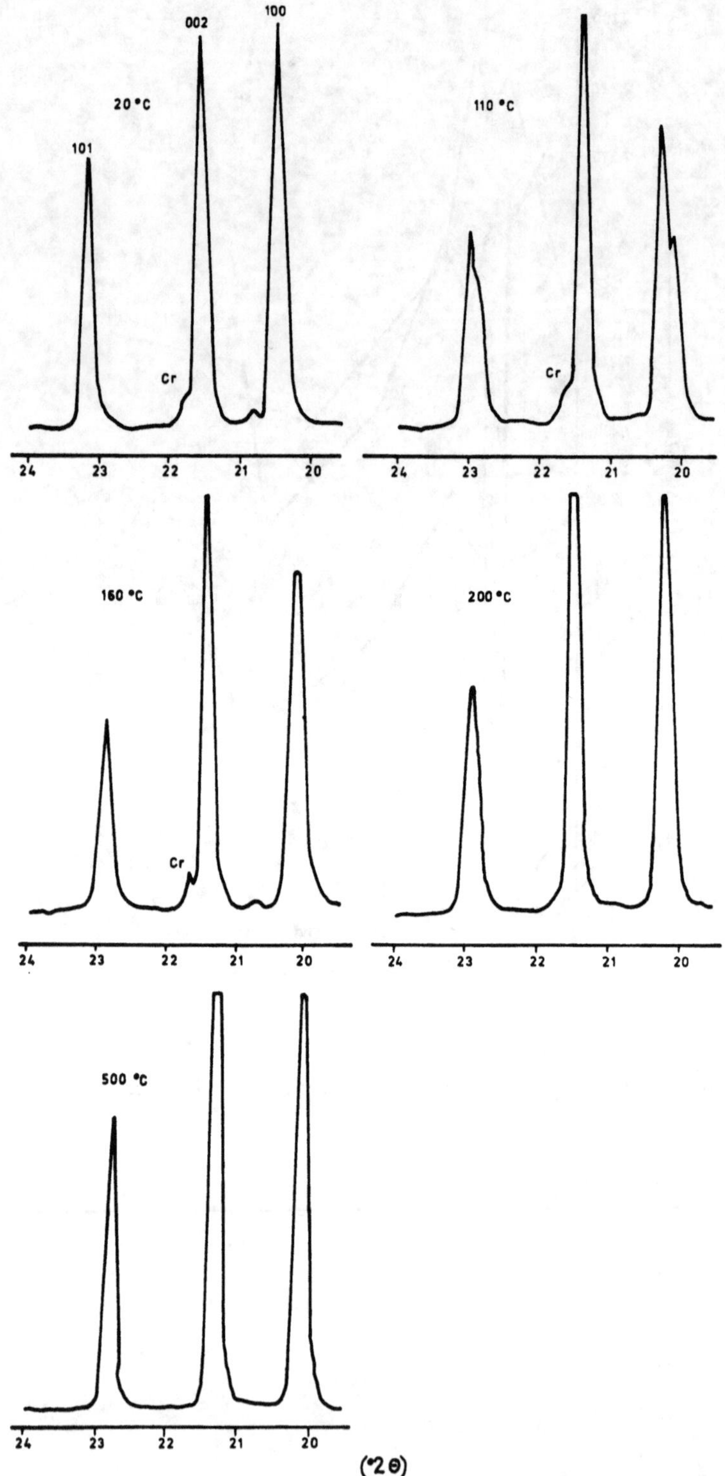

Abb. 8: Hochtemperatur-Röntgenaufnahmen eines stark fehlgeordneten Tridymits (Tridymit M) mit reversibler Umwandlung. CuKα-Strahlung

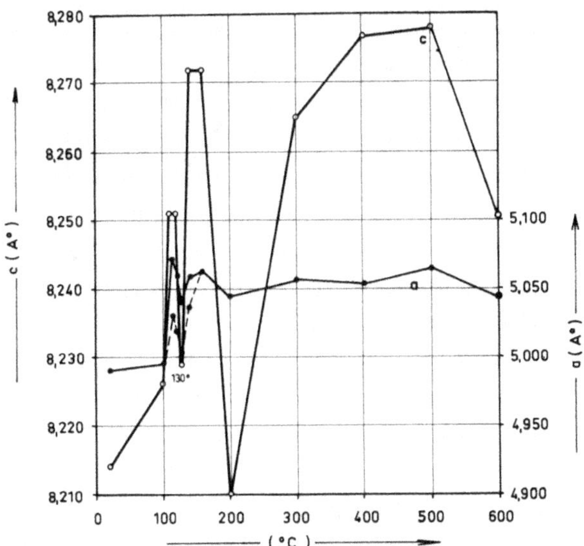

Abb. 9: Gitterkonstanten von Tridymit M in Abhängigkeit von der Temperatur, bezogen auf hexagonale Achsen

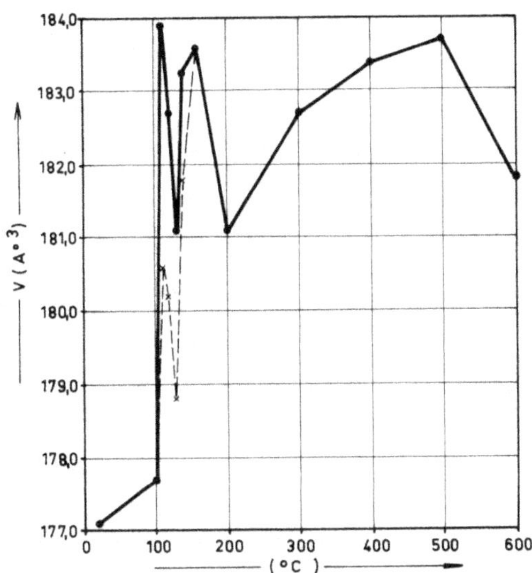

Abb. 10: Volumina der Elementarzellen für Tridymit M in Abhängigkeit von der Temperatur

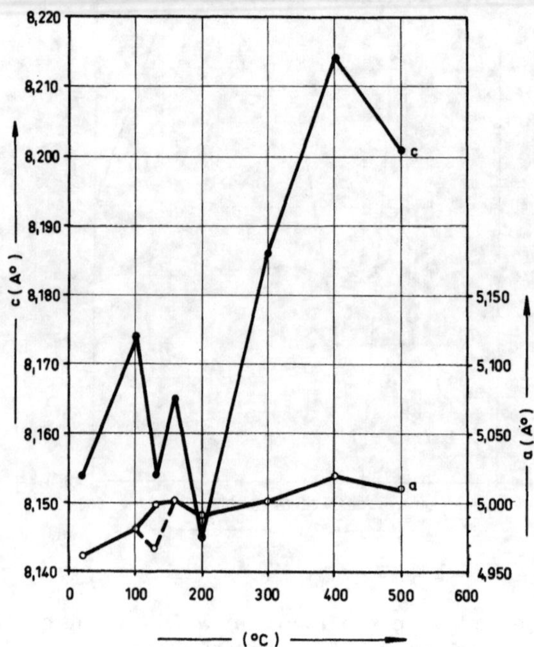

Abb. 11: Gitterkonstanten von Tridymit SM in Abhängigkeit von der Temperatur, bezogen auf hexagonale Achsen

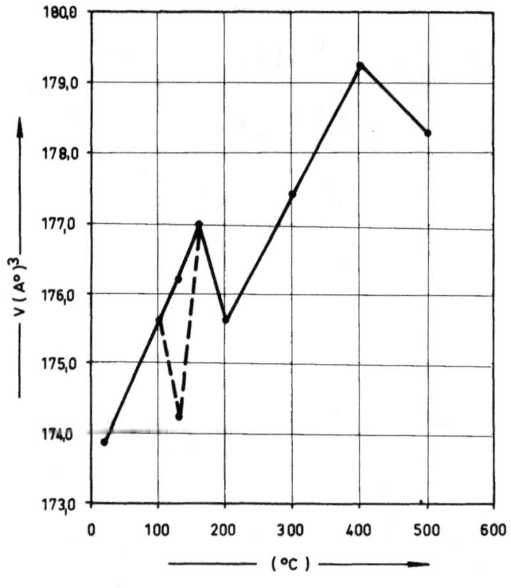

Abb. 12: Volumina der Elementarzellen für Tridymit SM in Abhängigkeit von der Temperatur

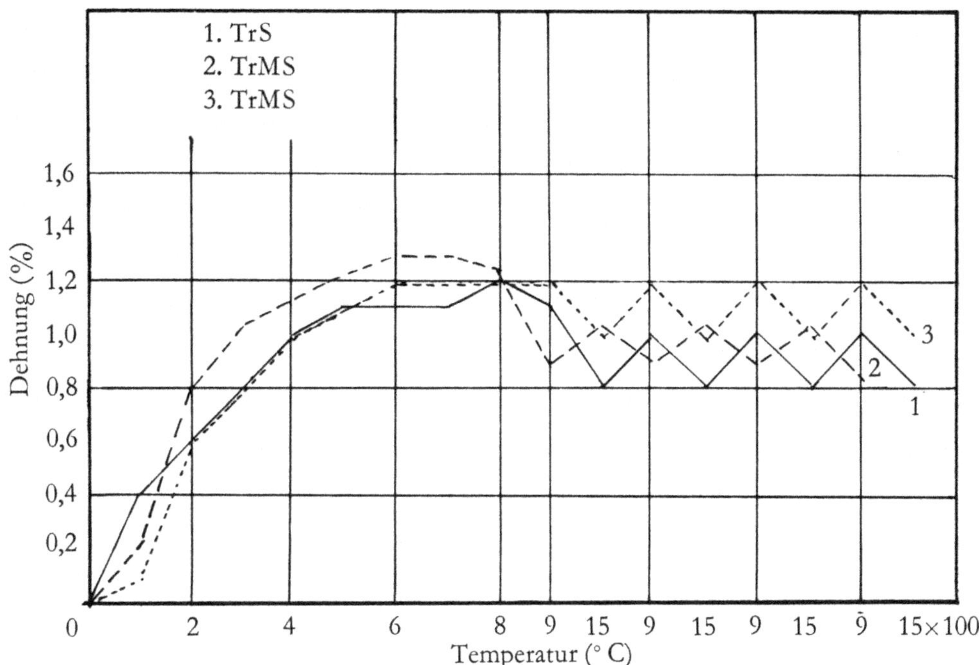

Abb. 13: Thermische Ausdehnung von Tridymiten unterschiedlicher Fehlordnung. 1.) Tridymit S; 2.) Tridymit MS; 3.) Tridymit MS

Forschungsberichte
des Landes Nordrhein-Westfalen

Herausgegeben im Auftrage des Ministerpräsidenten Heinz Kühn
vom Minister für Wissenschaft und Forschung Johannes Rau

Sachgruppenverzeichnis

Acetylen · Schweißtechnik
Acetylene · Welding gracitice
Acétylène · Technique du soudage
Acetileno · Técnica de la soldadura
Ацетилен и техника сварки

Arbeitswissenschaft
Labor science
Science du travail
Trabajo científico
Вопросы трудового процесса

Bau · Steine · Erden
Constructure · Construction material ·
Soilresearch
Construction · Matériaux de construction ·
Recherche souterraine
La construcción · Materiales de construcción ·
Reconocimiento del suelo
Строительство и строительные материалы

Bergbau
Mining
Exploitation des mines
Minería
Горное дело

Biologie
Biology
Biologie
Biologia
Биология

Chemie
Chemistry
Chimie
Quimica
Химия

Druck · Farbe · Papier · Photographie
Printing · Color · Paper · Photography
Imprimerie · Couleur · Papier · Photographie
Artes gráficas · Color · Papel · Fotografía
Типография · Краски · Бумага · Фотография

Eisenverarbeitende Industrie
Metal working industry
Industrie du fer
Industria del hierro
Металлообрабатывающая промышленность

Elektrotechnik · Optik
Electrotechnology · Optics
Electrotechnique · Optique
Electrotécnica · Optica
Электротехника и оптика

Energiewirtschaft
Power economy
Energie
Energía
Энергетическое хозяйство

Fahrzeugbau · Gasmotoren
Vehicle construction · Engines
Construction de véhicules · Moteurs
Construcción de vehículos · Motores
Производство транспортных средств

Fertigung
Fabrication
Fabrication
Fabricación
Производство

Funktechnik · Astronomie
Radio engineering · Astronomy
Radiotechnique · Astronomie
Radiotécnica · Astronomía
Радиотехника и астрономия

GPSR Compliance
The European Union's (EU) General Product Safety Regulation (GPSR) is a set
of rules that requires consumer products to be safe and our obligations to
ensure this.

If you have any concerns about our products, you can contact us on

ProductSafety@springernature.com

In case Publisher is established outside the EU, the EU authorized
representative is:

Springer Nature Customer Service Center GmbH
Europaplatz 3
69115 Heidelberg, Germany